STATION ET LABORATOIRES AGRICOLES DE L'ÉTAT

RAPPORT

ADRESSÉ

A LA COMMISSION ADMINISTRATIVE

SUR LES TRAVAUX DE 1885

PAR

Ad. MERCIER

Directeur du laboratoire agricole de l'État à Hasselt

BRUXELLES

P. WEISSENBRUCH, IMPRIMEUR DU ROI

ÉDITEUR

45, RUE DU POINÇON, 45

1886

RAPPORT

ADRESSÉ

A LA COMMISSION ADMINISTRATIVE

SUR LES TRAVAUX DE 1885

PAR

Ad. MERCIER

Directeur du laboratoire agricole de l'État à Hasselt

BRUXELLES

P. WEISSENBRUCH, IMPRIMEUR DU ROI

ÉDITEUR

45, RUE DU POINÇON, 45

1886

Extrait du *Bulletin de l'Agriculture*. — Année 1886, pages 560 à 572.

RAPPORT

ADRESSÉ A LA COMMISSION ADMINISTRATIVE SUR LES TRAVAUX DE 1885

Par Ad. MERCIER,
Directeur du laboratoire agricole de l'État à Hasselt.

Monsieur le Président,

Conformément à l'article 5 de l'arrêté ministériel du 25 février 1884, j'ai l'honneur de vous adresser mon rapport annuel sur les travaux exécutés au laboratoire agricole de Hasselt pendant l'année 1885.

Les travaux qui nous ont été demandés par le public agricole et industriel sont aussi nombreux et aussi importants que ceux des années précédentes. Afin d'apprécier plus facilement les services rendus à l'agriculture et aux industries agricoles par le laboratoire de Hasselt, nous continuerons à diviser ses opérations en six catégories, savoir :

1° Matières fertilisantes ;

2° Matières alimentaires pour l'homme et pour le bétail ;

3° Matières premières destinées aux industries agricoles, produits et résidus de ces industries ;

4° Examen des semences de la grande et de la petite culture ;

5° Consultations soit verbales, soit écrites sur toute question intéressant l'agriculture ou les industries agricoles ;

6° Recherches chimiques ou physiologiques appliquées à l'agriculture.

1° *Matières fertilisantes.*

Depuis la création du laboratoire agricole d'Anvers, le ressort du laboratoire agricole de Hasselt est diminué de plus de moitié, et cependant nous constatons que le nombre des échantillons soumis à l'analyse reste sensiblement le même ; cela prouve que l'agriculteur limbourgeois commence à apprécier les services que la science peut lui rendre. Les échantillons de matières fertilisantes soumis à notre examen en 1885 se répartissent comme suit :

Phosphate fossile	52
Superphosphate	113
Chlorure de potassium	14
Déchets de laine	20
Nitrate de soude	36
Engrais chimiques	56
Noir animal	1
Poudre d'os	1
Phosphate précipité	1

Tourteaux pour engrais.	. . . .	3
Guano	. . . .	4
Plâtre	. . . .	1
Cuir torréfié.	. . . .	1
Sang desséché	. . . .	4
Fumier de tourbe	. . . .	1
Échantillons divers	. . . .	2
Sulfate d'ammoniaque	. . . .	20
	Total. . . .	330

Parmi divers échantillons, nous signalerons les phosphates fossiles, qui nous sont adressés presque exclusivement par les exploitants ou par les marchands d'engrais qui désirent les transformer en superphosphates; leur titre a varié de 25 à 29 p. c. d'acide phosphorique anhydre total. Il est regrettable que les agriculteurs du Limbourg, surtout ceux qui exploitent la partie sablonneuse, ne profitent pas plus de cette source d'acide phosphorique à bon marché. L'emploi des superphosphates dans les sables purs ou presque purs qui constituent le sol arable de la Campine, est une opération irrationnelle. Pour que l'incorporation au sol de l'acide phosphorique sous forme de superphosphate soit avantageuse, il est absolument nécessaire que ce sol renferme une quantité suffisante de bases pour saturer l'acide phosphorique libre contenu dans les superphosphates, voire parfois l'acide sulfurique libre. Le sable de Campine, ne renfermant que des traces de carbonate de chaux et de magnésie, ne permet pas l'emploi de matières fertilisantes acides, parce que nous ne pouvons pas compter que l'oxyde de fer associé au sable saturera les acides qu'elles renferment.

Les phosphates fossiles associés aux matières organiques modifieraient très avantageusement les propriétés physiques du sol campinien, tout en lui fournissant, sous un état progressivement assimilable, deux éléments fertilisants très précieux, l'acide phosphorique et la chaux.

Un nouveau produit possédant la même richesse et à peu près les mêmes propriétés que le phosphate de chaux fossile est maintenant d'une vente courante : c'est le phosphate basique provenant de la fabrication de l'acier Bessemer. Dans tous les cas où le phosphate de chaux naturel sera d'un emploi avantageux, on pourra y substituer sans inconvénient ce phosphate basique des scories Bessemer. L'emploi du phosphate basique sur les prairies acides ne tardera pas à se généraliser; d'ailleurs, les champs d'expériences institués cette année par le gouvernement en démontreront les heureux effets.

La richesse des superphosphates que nous avons analysés varie de 7.78 à 17.02 p. c. d'acide phosphorique anhydre soluble dans le citrate d'ammoniaque alcalin, avec une moyenne comprise entre 11 et 14 p. c.

Nous avons également reçu deux superphosphates de haut titre fabriqués en attaquant le phosphate de chaux naturel par l'acide phosphorique hydraté; ces échantillons titraient, le premier, 38.51 p. c. d'acide phosphorique anhydre, soluble dans le citrate d'ammoniaque alcalin, dont 33.33 p. c. soluble dans l'eau; le second, 44.16 p. c. d'acide phosphorique anhydre soluble dans le citrate d'ammoniaque alcalin.

Les superphosphates livrés à l'agriculture présentent des différences considérables, non seulement au point de vue de leur titre en acide phosphorique immédiatement utile, mais encore au point de vue de leur fabrication plus ou moins parfaite et de leur pulvérulence.

Je crois devoir attirer l'attention des fabricants de superphosphate sur la nature de ces produits. Il n'est pas rare qu'on livre à l'agriculture, sous la dénomination de superphosphate, une pâte de phosphate naturel avec de l'acide sulfurique! Or, cette pâte n'est que l'ébauche du superphosphate et ne peut pas être considérée comme produit commercial marchand. La transformation du phosphate naturel en superphosphate exige des réactions complexes qui doivent être complètes; tant que l'échange de la base entre l'acide phosphorique et l'acide sulfurique n'est pas terminé, le produit ne peut pas correctement être appelé superphosphate.

Ces superphosphates non achevés occasionnent parfois des différences de titre très notables, d'où naissent des contestations que l'on attribue, la plupart du temps, à des erreurs d'analyse; d'un autre côté, l'incorporation au sol d'une dose relativement considérable d'acide sulfurique empâté dans du phosphate de chaux, est une pratique condamnable. L'acide sulfurique n'ayant pas eu le temps de transformer le phosphate de chaux en plâtre et en acide phosphorique hydraté (pour la majeure partie du moins), une partie du phosphate reste inattaquée et l'acide sulfurique qui devait la transformer se diffuse dans le sol en remplacement de l'acide phosphorique resté insoluble.

Les chlorures de potassium sont généralement garantis à 80 p. c. de chlorure pur, ce qui correspond à 51.50 p. c. de potasse anhydre. Les marchés sont faits sur cette base, et les titres supérieurs y sont ramenés. Les limites des titres que nous avons constatés sont 53.39 et 60.34 p. c. de potasse, avec une moyenne de 56.32 p. c. de potasse anhydre soluble dans l'eau.

Les sels de potasse provenant des mines de Stassfurt ou autres ne renferment généralement point de carbonate de potasse, tandis que les sels de potasse obtenus par la calcination des salins de betteraves en renferment des quantités notables. La potasse, suivant qu'elle est combinée au chlore, à l'acide sulfurique ou à l'acide carbonique, peut exercer dans certains sols des effets différents. Il serait très utile d'examiner si, en Campine, l'emploi des chlorures de potassium équivaut à l'emploi de la même quantité de potasse sous forme de carbonate ou de sulfate.

Les sulfates d'ammoniaque renferment 20 à 21 p. c. d'azote ammoniacal, et les nitrates de soude, de 15 1/2 à 16 1/2 p. c. d'azote nitrique.

Lorsque le titre en azote d'un nitrate de soude est inférieur à 15 1/2 p. c., il est nécessaire de rechercher si l'on est en présence d'une falsification ou bien si ce nitrate ne renferme pas une certaine proportion de nitrate de potasse. La présence de celui-ci abaisse le titre en azote, mais ne peut cependant pas être considérée comme étant une falsification, parce que le nitrate de potasse a une valeur agricole supérieure à celle du nitrate de soude.

Les engrais chimiques sont ordinairement fabriqués en mélangeant du super-phosphate de chaux, du sulfate d'ammoniaque ou du nitrate de soude à du chlo-rure ou à du sulfate de potasse. Ces mélanges, qui, à vrai dire, renferment les trois principaux éléments de fertilisation du sol, sont loin d'être toujours avan-tageux. C'est une profonde erreur de composer des mélanges appropriés à telle ou telle plante sans tenir aucun compte de la richesse du sol qui doit la produire. Il n'est pas possible de dire *a priori* si un engrais renfermant 5 p. c. d'azote, 7 p. c. d'acide phosphorique et 6 p. c. de potasse donnera une récolte plus rému-nératrice qu'un autre engrais renfermant 4 p. c. d'azote, 8 p. c. d'acide phos-phorique et 5 p. c. de potasse. Le cultivateur soucieux de ses intérêts, au lieu d'avoir une confiance aveugle dans les mélanges qui lui sont recommandés, devrait, par des expériences personnelles, déterminer la composition qui convient le mieux à son sol pour la plante qu'il désire cultiver. Nous savons parfaitement bien que tous les cultivateurs n'ont pas les connaissances voulues pour établir des expériences de ce genre; mais la science agricole est mise gratuitement à leur disposition par le gouvernement. Pour cela, ils n'ont qu'à s'adresser à l'agronome de l'État de leur région ou bien au directeur du labo-ratoire agricole de leur province.

2° *Matières alimentaires.*

Les matières alimentaires soumises à notre examen, quoiqu'étant repré-sentées par un nombre relativement faible d'échantillons, offrent cependant de l'intérêt.

Nous avons reçu comme matières alimentaires pour le bétail :

Eau alimentaire	8
Tourteaux de lin	7
Id. de colza	8
Id. d'arachides	3
Id. de ravison	4
Radicelles d'orge	1
Drêche de brasserie	1
Pulpe de topinambour	1
Total.	33

Et comme matières alimentaires pour l'homme :

Vin	1
Bitter	1
Farine	2
Colorant pour liqueur	1
Total. . . .	5

L'analyse de ces diverses matières nous a prouvé une fois de plus que l'eau dont on abreuve le bétail est parfois un redoutable poison, sans que cependant elle attire l'attention du fermier. Une écurie de la province de Limbourg était depuis plusieurs années déjà décimée par une maladie infectieuse restée inconnue. Le fermier, cruellement éprouvé par la mort de plusieurs de ses chevaux de valeur, eut enfin l'heureuse idée de faire examiner son eau alimentaire.

Cette eau ne renfermait point de métaux toxiques, mais donnait une très forte réaction d'acide nitrique et d'acide nitreux, avec un titre en matières totales dissoutes de 1,313 milligrammes par litre. Parmi ces matières dissoutes, il y avait 280 milligrammes de matières organiques, dont 246 milligrammes étaient directement oxydables par le permanganate de potasse.

La présence d'une grande quantité d'acide nitrique et surtout d'acide nitreux, le titre exceptionnellement élevé en matières organiques étaient des bases suffisantes pour proscrire l'emploi de cette eau comme boisson. C'est ce qui fut fait.

Un mois après, voulant probablement essayer si l'infection de son eau était permanente, le même fermier nous remit un nouvel échantillon dans lequel nous avons constaté par litre 1,615 milligrammes de matières totales dissoutes, dont 370 milligrammes de matières organiques. De ces matières organiques, 273 milligrammes étaient directement oxydables par le permanganate de potasse. La présence d'une forte quantité de nitrate jointe au titre élevé en matières organiques ne nous permit pas de recommander l'emploi de cette eau. Au contraire, sur notre conseil, cette source d'eau empoisonnée fut abandonnée et depuis lors plus aucun accident n'est survenu.

Parmi les tourteaux soumis à l'analyse, nous avons rencontré des échantillons de qualité excellente, médiocre ou mauvaise. La valeur commerciale des tourteaux n'est pas toujours proportionnelle à leur valeur alimentaire. Différentes causes influent sur celle-ci ; c'est pour cette raison que la détermination des titres en matières albuminoïdes, matières grasses et hydrates de carbone, est insuffisante pour la fixer. Dans une analyse de tourteaux, il y a aussi à considérer si la graine oléagineuse qui a servi à leur fabrication ne renferme pas des principes nuisibles. Sous ce dernier titre, nous comprenons non seulement les matières toxiques telles que : essence de moutarde (sulfocyanure d'allyle), graines vénéneuses, etc., mais aussi les spores des champignons microscopiques, les poussières irritantes et les matières minérales ne faisant pas partie de la cendre physiologique.

Par différents articles publiés cette année dans le *Landbouwblad*, j'ai signalé aux cultivateurs les fraudes dont cette précieuse matière alimentaire était l'objet. Je ne crois pas nécessaire d'y revenir ici. Je me borne simplement à répéter que certaines personnes n'ont pas honte de mettre leur science au service de la fraude. Les falsifications sont arrivées à un tel point de perfection que le chimiste chargé de les constater éprouve parfois des difficultés très sérieuses.

Les tourteaux de colza sont le plus souvent adultérés par des mélanges de ravison. Le fabricant de tourteaux, considérant la ressemblance des graines de colza et des graines de ravison, croit pouvoir les mélanger impunément. A propos d'un de ces mélanges, nous avons eu des réclamations de la part d'un fabricant, qui prétendait que ses tourteaux étaient fabriqués exclusivement de colza pur. Pour élucider la question, il nous proposa de nous soumettre différents échantillons de graines ainsi que les tourteaux qui en proviendraient. Nous avons saisi avec empressement l'occasion de lui prouver que, dans nos analyses, la graine de colza n'est jamais confondue avec la graine de ravison. Les divers échantillons de graines qui nous ont été soumis constituaient un véritable piège parce que, d'après l'examen que nous en avons fait, nous avons la conviction que les graines de ravison avaient subi une préparation ne permettant plus le développement de l'essence de moutarde. Cette préparation, sur laquelle le fabricant basait son espoir de nous tromper, tout habile qu'elle fut, ne lui a pas réussi. La présence de l'essence de moutarde dans les graines de ravison se constate par la macération de ces graines dans l'eau à la température de 30 à 35°; mais si ces graines ont été tuées, la production du sulfocyanure d'allyle est nulle ou presque nulle. Partant de ce principe, le fabricant de tourteaux avait tué les graines avant de nous les envoyer. Sachant que l'introduction des matières étrangères toxiques ou non serait certainement découverte par l'analyse, il eut tout simplement recours à la chaleur. Les graines de ravison portées à la température de 100 à 110° perdent la propriété de développer l'essence de moutarde, mais du même coup elles perdent leur faculté germinative tout en conservant leur péricarpe caractéristique. Ces trois points parfaitement élucidés nous ont permis d'éviter le piège qui nous était tendu et de prouver une fois de plus que les bases sur lesquelles nous appuyons notre appréciation sont suffisamment sérieuses. Dans l'état actuel du commerce, l'analyse chimique et surtout l'examen microscopique des tourteaux alimentaires s'imposent.

Dans mon rapport annuel de 1884, j'ai signalé une lacune concernant les matières alimentaires pour l'homme. Peu de personnes dans la province de Limbourg ont apprécié le bien fondé de mes observations. Les échantillons que j'ai reçus n'étaient pas falsifiés ; mais cela ne prouve nullement que tous les aliments consommés par l'homme soient exempts d'adultération. Pour rechercher les falsifications des matières alimentaires, il ne suffit pas de soumettre à l'analyse trois ou quatre échantillons par an ; il faut prélever chez le débitant diverses substances du commerce courant. Il est évident que toutes ces substances ne sont pas falsifiées. Il faut savoir en faire un choix judicieux. La sophistication des matières alimentaires se pratique de deux manières très différentes :

1° Lors de la préparation du produit, par exemple : conserves en boîtes ou en bouteilles. Ici, c'est généralement une substance toxique qui est mélangée à l'aliment, que cette substance soit ajoutée pour colorer ou pour rehausser le goût, soit qu'elle provienne des emballages métalliques ;

2° Par un mélange de matières inertes ou de moindre valeur, comme plâtre, sulfate de baryte, sable, verre, briques, ocre rouge, noyaux d'olives, le tout pulvérisé et intimement mélangé à l'aliment.

Le beurre est frelaté au moyen de graisses étrangères ou bien par une préparation défectueuse, qui le rend impropre à l'alimentation.

Il suffit de lire le rapport publié par M. Ch. Girard, directeur du laboratoire municipal de Paris, pour être convaincu que mon cri d'alarme n'a rien d'exagéré. Les administrations publiques trouveront dans ce rapport des documents pratiques et sérieux dont elles feront bien de s'inspirer.

3° *Matières premières destinées aux industries agricoles, produits et résidus de ces industries.*

Nous avons reçu :

Froment .	2
Seigle	9
Malt .	12
Maïs .	5
Moût de distillerie .	11
Levure .	54
Flegme .	1
Genièvre.	1
Savon .	1
Huile .	1
Eau .	2
Tanin .	2
Houblon .	1

Glucose 2
Sucre de canne 1
Thé de foin 1
Betteraves 248
Divers 6
                                  Total. . . . 360

Parmi ces divers échantillons, nous attirons l'attention sur les essais des moûts de distillerie. Tous les distillateurs connaissent l'importance de l'opération industrielle appelée macération; ils savent tous que la macération défectueuse des meilleurs grains amène des rendements désastreux. Les expériences industrielles étant trop coûteuses parce qu'elles portent au moins sur 500 kilogrammes de farine, un certain nombre d'entre eux m'ont demandé de faire quelques essais tendant à modifier leur travail.

Il m'est impossible de livrer à la publicité les essais de ce genre; je crois cependant devoir porter à la connaissance des intéressés que les résultats obtenus au laboratoire ont été confirmés par la pratique industrielle.

La brasserie ne se borne plus maintenant à fabriquer la bière en faisant fermenter de l'extrait de malt; les trempes obtenues dans la cuve-matière sont additionnées de sirop de glucose, de sirop de maltose, de sucre de canne, parfois même de dextrine, dans le but de pouvoir augmenter le rendement en hectolitres.

Cette pratique, sans être condamnable, a pour effet de donner des bières médiocres. Un certain nombre de brasseurs se font illusion sur l'emploi de ces matières saccharines. La plupart d'entre eux n'ont jamais vérifié si les matières sucrées qu'ils introduisent sont complètement fermentescibles et, chose plus grave encore, c'est qu'elles donnent généralement des bières troubles. Pour corriger cet accident, ils doivent alors recourir à toutes sortes de coagulants, tels que : peaux de raie dissoutes dans l'acide tartrique, gélatine, ichthyocolle, etc. Ces divers coagulants, outre qu'ils coûtent relativement cher, contribuent plutôt à gâter la bière qu'à l'améliorer. La brasserie n'est pas une opération si facile qu'on pourrait bien le croire, parce que l'action du ferment est trop capricieuse et trop difficile à réglementer.

Dans les essais que nous avons faits, nous avons constaté les pouvoirs fermentescibles suivants :

Sirop de glucose liquide . . . . 47 p. c. du sucre total.
Glucose solide 61   id.
Sucre de canne 92   id.

La fermentation ayant lieu pendant 45 heures à la température de 30° Celsius.

La sucrerie nous a envoyé cette année 248 échantillons de betteraves, dont les analyses ont donné les résultats suivants, que nous avons classés par arrondissement :

Arrondissement de Liége.

	POIDS d'un litre de jus.	SUCRE dans 100 grammes de betteraves.	QUOTIENT de pureté du jus.	VALEUR proportionnelle du jus.
Minimum	1067.0	13.61	86.84	12.44
Maximum	1076.2	15.55	90.44	14.81
Moyenne de 5 analyses.	1072.3	14.77	88.86	13.82

Arrondissement administratif de Namur.

Minimum	1055.0	10.31	80.44	8.74
Maximum	1073.5	14.35	84.94	12.83
Moyenne de 28 analyses.	1065.7	13.08	86.06	11.85

Arrondissement administratif de Tongres.

Minimum . . .	1051.2	9.00	75.23	7.13
Maximum	1070.9	14.77	90.41	14.06
Moyenne de 136 analyses.	1064.1	12.84	86.66	11.72

Arrondissement administratif de Waremme.

Minimum . . .	1057.1	10.53	79.21	8.78
Maximum	1065.2	13.16	87.16	12.08
Moyenne de 23 analyses.	1061.4	12.26	86.06	11.11

Arrondissement administratif de Huy.

Minimum	1061.0	12.08	83.13	10.57
Maximum	1068.7	14.01	88.32	13.03
Moyenne de 10 analyses.	1063.6	12.69	86.19	11.51

Arrondissement administratif de Hasselt.

Minimum	1058.0	11.05	81.97	9.54
Maximum	1071.8	14.96	90.52	14.26
Moyenne de 22 analyses.	1062.8	12.45	85.68	11.23

Arrondissement administratif de Nivelles.

Minimum	1058.0	11.50	85.28	10.33
Maximum	1077.1	15.44	89.29	14.51
Moyenne de 23 analyses.	1066.8	13.29	85.82	12.01

Arrondissement administratif d'Eecloo.

1 analyse	1064.0	12.38	83.58	10.90

RÉCAPITULATION.

	POIDS d'un litre de jus.	SUCRE dans 100 grammes de betteraves.	QUOTIENT de pureté du jus.	VALEUR proportion- nelle du jus.
Minimum	1,051.2	9.00	75.23	7.13
Maximum	1,077.1	15.55	90.44	14.81
Moyenne de 248 analyses.	1,062.7	12.85	88.43	11.96

Il résulte de ce relevé que la betterave produite en 1885 est sensiblement de meilleure qualité que celle récoltée en 1884.

143 échantillons de betteraves provenant des champs d'expériences du gouvernement ont été également soumis à l'analyse.

4° Valeur agricole des semences.

Dans mon rapport de 1884, je signalais déjà que l'examen des semences à confier au sol était par trop négligé. J'ai la même observation à présenter pour cette année. Pas plus en 1885 qu'en 1884, je n'ai reçu d'échantillon de semences.

Les échantillons dont il a été question dans les quatre numéros ci-dessus ont donné lieu aux dosages suivants :

Acide phosphorique par le nitromolybdate d'ammoniaque	77
Acide phosphorique par le citrate d'ammoniaque . .	198
Essais qualitatifs	98
Dosages divers	170
Azote albuminoïde	14
Matières grasses	20
Essais microscopiques	18
Dosages de potasse	61
Dosages d'azote organique	60
Id. ammoniacal	53
Id. nitrique	75
Extrait de malt	11
Amidon	12
Levure de bière	54
Sucre par polarisation	360
Total	1,281

109 échantillons ont été analysés sans frais parce qu'ils profitaient du contrôle gratuit; ils ont exigé 225 dosages divers. Nous ferons remarquer que la

plupart des échantillons analysés à titre de contrôle gratuit sont des engrais mélangés, dans lesquels nous devons doser la potasse, l'acide phosphorique et l'azote.

Parmi les 109 échantillons analysés pour contrôler les livraisons faites, quelques-uns d'entre eux ne correspondaient pas aux garanties données par le fabricant. A la demande de l'acheteur ou du vendeur, nous avons calculé la différence sur laquelle devait porter la bonification ; aucune réclamation ne nous étant parvenue depuis, nous supposons que la liquidation a eu lieu à l'entière satisfaction des parties.

5° Consultations.

66 consultations écrites ont été données, tant aux agriculteurs qu'aux industriels, sur les sujets agricoles les plus divers. Je n'ai pas tenu note des consultations verbales, mais leur nombre atteint au moins 200.

6° Recherches chimiques ou physiologiques appliquées à l'agriculture.

Dosage de la potasse. — Le dosage de la potasse dans les engrais chimiques mélangés a toujours été fait par le procédé Fresenius. Ce dosage exigeant 5 filtrations et une longue évaporation, je me suis attaché à le modifier, sans cependant toucher à son exactitude. La principale modification que j'y ai apportée consiste à ne plus devoir séparer l'acide sulfurique par le chlorure de baryum. Le volume de la solution à évaporer est réduit à 50 centimètres cubes et le chloroplatinate de potassium est obtenu en solution acide. J'ai fait part à mes collègues des détails opératoires.

Précipité blanc qui se dépose dans la mixture de magnésie. — Lors de la préparation de la mixture de magnésie, on ne possède pas toujours des produits chimiquement purs ; la dissolution terminée, il est absolument nécessaire de la filtrer. Le liquide filtré, parfaitement limpide, dépose au bout d'un certain temps une matière blanche brillante, en paillettes ressemblant à du chlorhydrate d'ammoniaque ou à du chlorure de magnésium. Dans un cas comme dans l'autre, ces deux sels ne présenteraient pas grand inconvénient, parce qu'ils seraient redissous par les eaux de lavage. Nous avons voulu cependant nous assurer de la composition de ce précipité, afin d'apprécier les inconvénients qu'il pourrait occasionner dans notre travail. Nous avons constaté que ce précipité était du silicate de magnésie.

Essais sur la levure de bière. — Depuis 1883, j'ai eu à examiner un grand nombre d'échantillons de levure destinée à la distillerie. La composition chimique de la levure de bière a fait l'objet de nombreux et très importants travaux qu'il est superflu de rappeler ici. L'examen microscopique nous permet d'apprécier la pureté et jusqu'à un certain point la qualité probable; ces renseignements, quoique très précieux, sont d'une insuffisance notoire. Le distillateur ne recherche dans la levure de bière que la faculté de transformer le sucre glucose en alcool; or, pour que cette transformation ait lieu, il est indispensable que la levure soit vivante; par conséquent, le but à atteindre est la mesure de l'intensité vitale de la levure.

Plusieurs procédés ont été successivement proposés pour mesurer la force fermentative de la levure; j'ai étudié pratiquement la plupart d'entre eux sans pouvoir leur accorder une confiance absolue. Je publierai prochainement les résultats de mes essais.

En attendant, je crois pouvoir affirmer :

1° Que la température du moût sucré a une très grande influence et que, dans les essais, il faut la maintenir *constante* et voisine de 30° Celsius;

2° Que la richesse en sucre du moût doit atteindre au moins 10° Balling et qu'on se trouve dans de meilleures conditions lorsqu'on opère avec une solution voisine de 25° Balling;

3° Que l'extrait de malt fermente plus énergiquement qu'une solution de glucose de la même densité Balling. L'idéal serait de mettre en fermentation un extrait de malt bien préparé; mais, malheureusement, nous ne pouvons pas conserver cet extrait sans altération plus de six heures, et si nous devons chaque fois en préparer la quantité nécessaire, nous n'opérerons jamais dans des conditions identiques et nos résultats seront, par conséquent, de nulle valeur.

J'ai essayé aussi de nourrir la levure avec de l'albumine, de l'acide tartrique, du phosphate d'ammoniaque, du phosphate de potasse; je n'ai pas obtenu des résultats suffisamment décisifs. Cette question doit être reprise.

Un négociant en levure a attiré mon attention sur la possibilité d'y mélanger une substance capable de fausser les indications du fermentomètre. J'ai essayé la dextrine, la gélatine et le bicarbonate de soude, l'éther, l'alcool éthéré et le sulfite de chaux chargé d'acide sulfureux. J'ai constaté :

1° Que la fermentation de 25 grammes de levure n'était pas sensiblement influencée par l'addition de 10 grammes de dextrine, ni par l'addition de 1 gramme de gélatine;

2° Que l'incorporation de 2 p. c. de bicarbonate de soude en poudre était plutôt nuisible qu'utile;

3° Que l'eau saturée d'éther et l'alcool éthéré arrêtaient presque complètement la fermentation;

4° Que le sulfite de chaux chargé d'acide sulfureux entrave momentanément la fermentation.

Le lavage de la levure avec des eaux légèrement chargées de sulfite de chaux se pratique assez souvent pendant les fortes chaleurs de l'été ; cette opération ne peut pas être considérée comme une fraude, mais elle n'est certainement pas recommandable.

En attendant que de nouvelles expériences soient faites, je pratique les essais de levure de bière comme suit :

25 grammes de levure sont délayés au moyen d'un demi-litre d'une solution de glucose commerciale d'une densité Balling de 25° et renfermant au moins 60 grammes de glucose fermentescible ; le tout est introduit dans une carafe d'un litre et demi ; on coiffe le goulot d'une feuille de papier à filtrer et on pèse alors la carafe à la précision d'un centigramme ; on place ensuite cette carafe dans un bain-marie à double paroi dont la température est et doit être maintenue *exactement* à 30° Celsius ; après quatre heures de fermentation, la carafe est soigneusement essuyée et repesée : la différence de poids représente l'acide carbonique dégagé.

La perte constatée $\times$ 180/88 = poids de la glucose décomposée.

La perte constatée $\times$ 92/88 = poids de l'alcool produit.

Le personnel attaché au laboratoire agricole de Hasselt a subi, pendant cette année, un changement : au mois de février, démission de son emploi de préparateur a été accordée à M. Louis Van den Berck. Au mois d'avril, M. Octave Ligot, ingénieur agricole, a été nommé préparateur-chimiste. Il m'a prêté un concours très intelligent et très dévoué dans l'exécution de nos travaux.

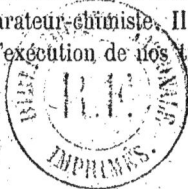

www.ingramcontent.com/pod-product-compliance
Lightning Source LLC
Chambersburg PA
CBHW050413210326
41520CB00020B/6582